《汶川县野生动物图集》编委会

编印统筹： 汶川县林业和草原局、四川大学生命科学学院、德阳市国科双碳研究院

编委会主任： 杨东升

副 主 任： 王 鑫　车小琼

主　　 编： 窦 亮

副 主 编： 毛康珊　王东磊

编　　 委： (按姓氏拼音为序)

陈樟培　方 辉　何 望　胡敏超　胡 尧
江杨洋　李 斌　马 文　陶 敏　韦理嘉
王 磊　王丽华　杨 彬　姚 佳　朱 锆

汶川县野生动物图集

窦亮 主编

汶川县林业和草原局
四川大学生命科学学院 组织编写

四川大学出版社
SICHUAN UNIVERSITY PRESS

第一部分 国家重点保护野生动物

兽类

雪豹 2　　　　林麝 2　　　　金雕 3　　　　猕猴 4
水鹿 4　　　　毛冠鹿 4　　　中华斑羚 5　　豹猫 6
黄喉貂 6　　　中华小熊猫 7　黑熊 7

鸟类

普通䴉 8　　　高山兀鹫 8　　凤头鹰 8　　　鸳鸯 9
橙翅噪鹛 9

昆虫

金裳凤蝶 10　　三尾褐凤蝶 11

鱼类

重口裂腹鱼 12

第二部分　其他野生动物

兽类

豪猪 16　　野猪 17　　亚洲狗獾 17　　赤腹松鼠 18
隐纹花松鼠 19　　岩松鼠 19

鸟类

绿头鸭 20　　白眼潜鸭 20　　白胸苦恶鸟 21　　普通鸬鹚 21
池鹭 22　　大白鹭 22　　白鹭 23　　普通翠鸟 24
棕腹啄木鸟 24　　红嘴蓝鹊 25　　牛头伯劳 25　　大山雀 26
喜鹊 27　　绿背山雀 27　　鳞胸鹪鹛 27　　领雀嘴鹎 28
黄臀鹎 28　　黄腰柳莺 29　　白头鹎 30　　红头长尾山雀 31
白眶鸦雀 31　　棕头鸦雀 32　　灰喉鸦雀 32　　白领凤鹛 33
黑颏凤鹛 34　　暗绿绣眼鸟 35　　棕颈钩嘴鹛 35　　矛纹草鹛 35
霍氏旋木雀 36　　黑头奇鹛 37　　高山旋木雀 38　　鹪鹩 38
灰椋鸟 39　　褐河乌 39　　长尾地鸫 40　　灰头鸫 41
红尾斑鸫 41　　红胁蓝尾鸲 42　　白喉红尾鸲 42　　白眉林鸲 43
蓝额红尾鸲 43　　北红尾鸲 44　　红尾水鸲 45　　白顶溪鸲 45
蓝大翅鸲 46　　栗腹矶鸫 46　　小燕尾 47　　棕胸岩鹨 47
栗背岩鹨 48　　麻雀 48　　灰鹡鸰 48　　白鹡鸰 49
树鹨 50　　水鹨 51　　燕雀 51　　灰头灰雀 52
普通朱雀 53　　斑翅朱雀 53　　金翅雀 53　　灰眉岩鹀 54
小鹀 55

爬行类

王锦蛇 56　　汶川攀蜥 57　　铜蜓蜥 57

昆虫

闪蓝丽大蜻 58　　异色灰蜻 58　　麻蚤 59　　日本条蚤 59
稻蝗 60　　青脊竹蝗 60　　金绿宽盾蝽 01　　波原缘蝽 61
茶翅蝽 62　　猎蝽 62　　硕蝽 63　　赤条蝽 63
橘红丽沫蝉 64　　沫蝉 65　　黑斑丽沫蝉 65　　黑缘条大叶蝉 66
透明疏广翅蜡蝉 67　　草蝉 67　　斑衣蜡蝉 68　　黄蜂螳蛉 68
中华草蛉 69　　鱼蛉 69　　云斑白条天牛 70　　蓝边矛丽金龟 70
铜绿丽金龟 70　　十四星瓢虫 71　　茄二十八星瓢虫 71　　甘薯蜡龟甲 72
柳蓝叶甲 72　　红角榕萤叶甲 72　　羽芒宽盾蚜蝇 72　　褐线尺蛾 73
云纹绿尺蛾 74　　绿尺蛾 74　　黑星白尺蛾 75　　丝棉木金星尺蛾 76
五彩枯斑翠尺蛾 76　　青辐射尺蛾 76　　豹纹尺蛾 77　　白黑瓦苔蛾 77
羽蛾 78　　鹰翅天蛾 78　　碧角翅夜蛾 79　　路雪苔蛾 79
橙黑纹野螟 80　　巴黎翠凤蝶 80　　绿带翠凤蝶 81　　多姿麝凤蝶 82
金凤蝶 83　　青凤蝶 84　　东方菜粉蝶 84　　大翅绢粉蝶 85
巨翅绢粉蝶 85　　锯纹绢粉蝶 85　　大绢斑蝶 86　　华西箭环蝶 87
圆翅钩粉蝶 87　　双星箭环蝶 88　　宁眼蝶 88　　高山蛇眼蝶 88
二尾蛱蝶 89　　链环蛱蝶 90　　阿环蛱蝶 91　　小环蛱蝶 91
扬眉线蛱蝶 92　　残锷线蛱蝶 93　　大红蛱蝶 93　　云豹盛蛱蝶 94
锯带翠蛱蝶 94　　嘉翠蛱蝶 95　　猫蛱蝶 95　　黄钩蛱蝶 96
孔雀蛱蝶 97　　青豹蛱蝶 97　　绿豹蛱蝶 97　　银斑豹蛱蝶 98
秀蛱蝶 99　　亮灰蝶 100　　优秀洒灰蝶 100　　网丝蛱蝶 101
淡纹玄灰蝶 102　　多眼灰蝶 102　　中华蜜蜂 103　　熊蜂 103

鱼类

宽鳍鱲 104　　草鱼 104　　麦穗鱼 104　　花鳅 105
鳙 105　　鲤 105　　齐口裂腹鱼 106　　鲫 106
半䱗 106　　红尾副鳅 107　　贝氏高原鳅 107

底栖动物

扁蜉 108　　二尾蜉 108　　摇蚊幼虫 109　　大蚊幼虫 109
纹石蚕 110　　截口土蜗 110　　钩虾 110　　泉膀胱螺 111
小土蜗 111　　铜锈环棱螺 111

浮游动物

无棘匣壳虫 112　　累枝虫 112　　表壳虫 113　　方形臂尾轮虫 113
轮虫 114　　须足轮虫 114　　单趾轮虫 115　　鞍甲轮虫 115
尖额溞（残体）116　　真剑水蚤 116　　大剑水蚤 117　　猛水蚤 117

索引 118

附录 123

第一部分
国家重点保护野生动物

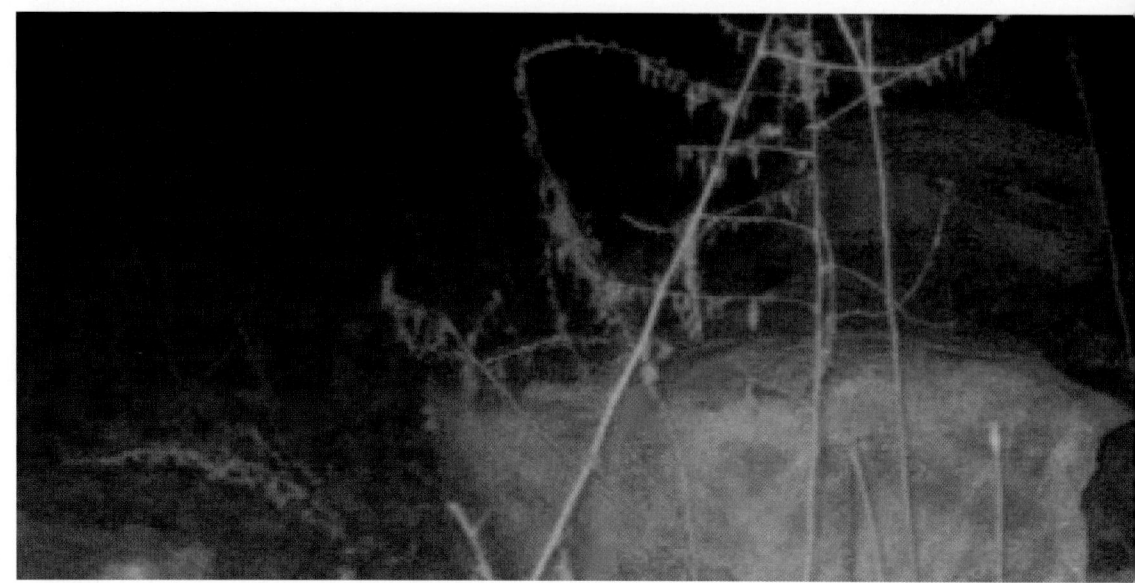

雪豹 *Panthera uncia* 国家一级保护野生动物

林麝 *Moschus berezovskii* 国家一级保护野生动物

第一部分　国家重点保护野生动物

兽类

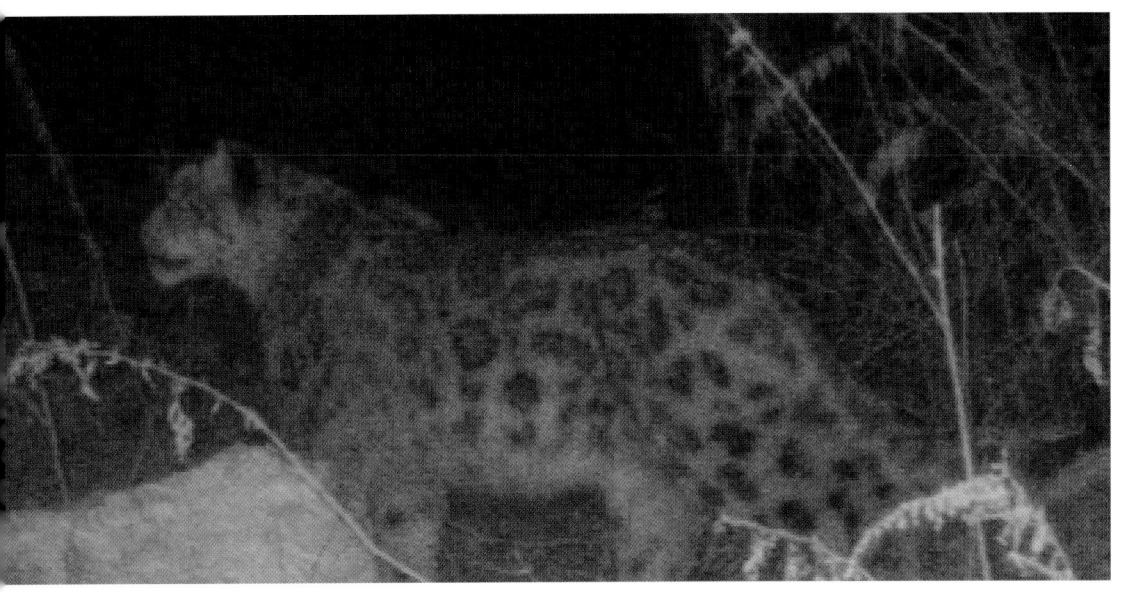

金雕 *Aquila chrysaetos* 　国家一级保护野生动物

猕猴

Macaca mulatta

国家二级保护野生动物

水鹿

Rusa unicolor

国家二级保护野生动物

毛冠鹿

Elaphodus cephalophus

国家二级保护野生动物

第一部分　国家重点保护野生动物

兽类

中华斑羚　*Naemorhedus griseus*　国家二级保护野生动物

豹猫 *Prionailurus bengalensis*　国家二级保护野生动物

黄喉貂 *Martes flavigula*　国家二级保护野生动物

第一部分　国家重点保护野生动物

兽类

中华小熊猫　*Ailurus styani*　国家二级保护野生动物

黑熊　*Ursus thibetanus*　国家二级保护野生动物

普通鵟 *Buteo japonicus* 国家二级保护野生动物

高山兀鹫 *Gyps himalayensis* 国家二级保护野生动物

凤头鹰 *Accipiter trivirgatus* 国家二级保护野生动物

鸳鸯 *Aix galericulata*　国家二级保护野生动物

橙翅噪鹛 *Trochalopteron elliotii*　国家二级保护野生动物

金裳凤蝶　*Troides aeacus*　国家二级保护野生动物

第一部分　国家重点保护野生动物

昆虫

三尾褐凤蝶 *Bhutanitis thaidina*　国家二级保护野生动物

重口裂腹鱼 *Schizothorax (Racoma) davidi*　国家二级保护野生动物

第一部分　国家重点保护野生动物

鱼类

第二部分
其他野生动物

中国豪猪 *Hystrix hodgsoni*

第二部分　其他野生动物

兽类

野猪 *Sus scrofa*

亚洲狗獾 *Meles leucurus*

汶川县野生动物 图集

赤腹松鼠 *Callosciurus erythraeus*

隐纹花松鼠 *Tamiops swinhoei*

岩松鼠 *Sciurotamias davidianus*

绿头鸭 *Anas platyrhynchos*

白眼潜鸭 *Aythya nyroca*

白胸苦恶鸟 *Amaurornis phoenicurus*

普通鸬鹚 *Phalacrocorax carbo*

池鹭 *Ardeola bacchus*

大白鹭 *Ardea alba*

第二部分　其他野生动物

鸟类

白鹭　*Egretta garzetta*

普通翠鸟 *Alcedo atthis*

棕腹啄木鸟 *Dendrocopos hyperythrus*

第二部分　其他野生动物

鸟类

红嘴蓝鹊　*Urocissa erythroryncha*

牛头伯劳　*Lanius bucephalus*

大山雀 *Parus cinereus*

第二部分 其他野生动物

鸟类

喜鹊 *Pica pica*

绿背山雀 *Parus monticolus*

鳞胸鹪鹛 *Pnoepyga albiventer*

领雀嘴鹎 *Spizixos semitorques*

黄臀鹎 *Pycnonotus xanthorrhous*

第二部分　其他野生动物

鸟类

黄腰柳莺　*Phylloscopus proregulus*

白头鹎 *Pycnonotus sinensis*

第二部分　其他野生动物

鸟类

红头长尾山雀 *Aegithalos concinnus*

白眶鸦雀 *Sinosuthora conspicillata*

棕头鸦雀 *Sinosuthora webbiana*

灰喉鸦雀 *Sinosuthora alphonsiana*

第二部分 其他野生动物

鸟类

白领凤鹛 *Yuhina diademata*

黑颏凤鹛 *Yuhina nigrimenta*

第二部分　其他野生动物

鸟类

棕颈钩嘴鹛　*Pomatorhinus ruficollis*

暗绿绣眼鸟　*Zosterops japonicus*

矛纹草鹛　*Babax lanceolatus*

霍氏旋木雀 *Certhia hodgsoni*

第二部分　其他野生动物

鸟类

黑头奇鹛 *Heterophasia desgodinsi*

高山旋木雀 *Certhia himalayana* 　　鹪鹩 *Troglodytes troglodytes*

第二部分 其他野生动物

鸟类

灰椋鸟 *Spodiopsar cineraceus*

褐河乌 *Cinclus pallasii*

长尾地鸫 *Zoothera dixoni*

第二部分 其他野生动物

鸟类

灰头鸫 *Turdus rubrocanus*

红尾斑鸫 *Turdus naumanni*

汶川野生动物 图集

红胁蓝尾鸲 *Tarsiger cyanurus*

白喉红尾鸲 *Phoenicuropsis schisticeps*

第二部分　其他野生动物

鸟类

白眉林鸲 *Tarsiger indicus*

蓝额红尾鸲 *Phoenicuropsis frontalis*

43

北红尾鸲 *Phoenicurus auroreus*

第二部分 其他野生动物

红尾水鸲 *Rhyacornis fuliginosa*

白顶溪鸲 *Chaimarrornis leucocephalus*

蓝大翅鸲 *Grandala coelicolor*

栗腹矶鸫 *Monticola rufiventris*

小燕尾　*Enicurus scouleri*

棕胸岩鹨　*Prunella strophiata*

汶川县 野生动物 图集

栗背岩鹨 *Prunella immaculata*

麻雀 *Passer montanus*

灰鹡鸰 *Motacilla cinerea*

第二部分　其他野生动物

鸟类

白鹡鸰　*Motacilla alba*

树鹨　*Anthus hodgsoni*

50

鸟类

水鹨 *Anthus spinoletta*

燕雀 *Fringilla montifringilla*

灰头灰雀 *Pyrrhula erythaca*

普通朱雀 *Carpodacus erythrinus*

斑翅朱雀 *Carpodacus trifasciatus*

金翅雀 *Chloris sinica*

灰眉岩鹀 *Emberiza godlewskii*

小鹀 *Emberiza pusilla*

王锦蛇 *Elaphe carinata*

第二部分　其他野生动物

爬行类

汶川攀蜥　*Japalura zhaoermii*

铜蜓蜥　*Sphenomorphus indicus*

闪蓝丽大蜻 *Epophthalmia elegans*

异色灰蜻 *Orthetrum melania*

第二部分 其他野生动物

昆虫

麻螽 *Tapiena* sp.

日本条螽 *Ducetia japonica*

伪稻蝗 *Pseudoxya* sp.

青脊竹蝗 *Ceracris nigricornis*

第二部分　其他野生动物

昆虫

金绿宽盾蝽 *Poecilocoris lewisi*（Distant）

黑胫侏缘蝽 *Mictis fuscipes*

茶翅蝽 *Halyomorpha halys*

点蜂缘蝽 *Riptortus pedestris*

第二部分　其他野生动物

昆虫

褐真蝽 *Pentatoma semiannulata*

赤条蝽 *Graphosoma rubrolineata*

橘红丽沫蝉 *Cosmoscarta mandarina*

沫蝉 *Cosmoscarta* sp.

黑斑丽沫蝉 *Cosmoscarta dorsimacula*

黑缘条大叶蝉 *Atkinsoniella heiyuana*

第二部分 其他野生动物

昆虫

透明疏广翅蜡蝉 *Euricania clara*

草蝉 *Mogannia hebes*

斑衣蜡蝉 *Lycorma delicatula*　　　　**黄蜂螳蛉** *Climaciella brunnea*

第二部分 其他野生动物

中华草蛉 *Chrysoperla sinica*

蚁蛉 *Myrmeleontidae*

昆虫

云斑白条天牛 *Batocera lineolata*

蓝边矛丽金龟 *Callistethus plagiicollis*

铜绿丽金龟 *Anomala corpulenta*

第二部分　其他野生动物

昆虫

十四星裸瓢虫　*Calvia quatuordecimguttata*　茄二十八星瓢虫　*Henosepilachna vigintioctopunctata*

甘薯蜡龟甲 *Laccoptera quadrimaculata*

柳蓝叶甲 *Plagiodera versicolora*

红角榕萤叶甲 *Morphosposphaera cavaleriei*

羽芒宽盾蚜蝇 *Phytomia zonata*

第二部分　其他野生动物

昆虫

褐线尺蛾 *Timandra extremaria*

云纹绿尺蛾 *Comibaena pictipennis*

绿尺蛾 *Comibaena* sp.

黑星白尺蛾　*Asthena melanosticta*

丝棉木金星尺蛾 *Abraxas suspecta*

五彩枯斑翠尺蛾 *Ochrongnesia gavissima*

青辐射尺蛾 *Iotaphora admirabilis*

第二部分　其他野生动物

昆虫

豹纹尺蛾　*Vindusara moorei*

白黑瓦苔蛾　*Vamuna remelana*

羽蛾 Pterophoridae

鹰翅天蛾 *Oxyambulyx ochracea*

碧角翅夜蛾 *Tyana chloroleuca*

路雪苔蛾 *Cyana adita*

橙黑纹野螟 *Tyspanodes striata*

巴黎翠凤蝶 *Papilio paris*

第二部分　其他野生动物

昆虫

绿带翠凤蝶　*Papilio maackii*

多姿麝凤蝶 *Byasa polyeuctes*

第二部分　其他野生动物

昆虫

金凤蝶　*Papilio machaon*

青凤蝶 *Graphium sarpedon*

东方菜粉蝶 *Pieris canidia*

第二部分 其他野生动物

昆虫

大翅绢粉蝶 *Aporia largeteaui*

巨翅绢粉蝶 *Aporia gigantea*

锯纹绢粉蝶 *Aporia goutellei*

大绢斑蝶 *Parantica sita*

第二部分 其他野生动物

昆虫

华西箭环蝶 *Stichophthalma suffusa*

圆翅钩粉蝶 *Gonepteryx amintha*

双星箭环蝶 *Stichophthalma neumogeni*

宁眼蝶 *Gonepteryr amintha*

高山蛇眼蝶 *Minois aurata* 四川特有种

第二部分 其他野生动物

昆虫

二尾蛱蝶 *Polyura narcaea*

链环蛱蝶 *Neptis pryeri*

第二部分 其他野生动物

昆虫

阿环蛱蝶 *Neptis ananta*

小环蛱蝶 *Neptis sappho*

扬眉线蛱蝶 *Limenitis helmanni*

第二部分　其他野生动物

昆虫

残锷线蛱蝶 *Limenitis sulpitia*

大红蛱蝶 *Vanessa indica*

云豹盛蛱蝶 *Symbrenthia niphanda*

锯带翠蛱蝶 *Euthalia alpherakyi*

第二部分　其他野生动物

昆虫

嘉翠蛱蝶　*Euthalia kardama*

猫蛱蝶　*Timelaea maculata*

黄钩蛱蝶 *Polygonia c-aureum*

昆虫

孔雀蛱蝶 *Inachis io*

青豹蛱蝶 *Damora sagana*

绿豹蛱蝶 *Argynnis paphia*

银斑豹蛱蝶 *Speyeria aglaja*

秀蛱蝶 *Pseudergolis wedah*

亮灰蝶 *Lampides boeticus* 　　　　优秀洒灰蝶 *Satyrium eximia*

第二部分　其他野生动物

昆虫

网丝蛱蝶　*Cyrestis thyodamas*

淡纹玄灰蝶 *Tongeia ion*

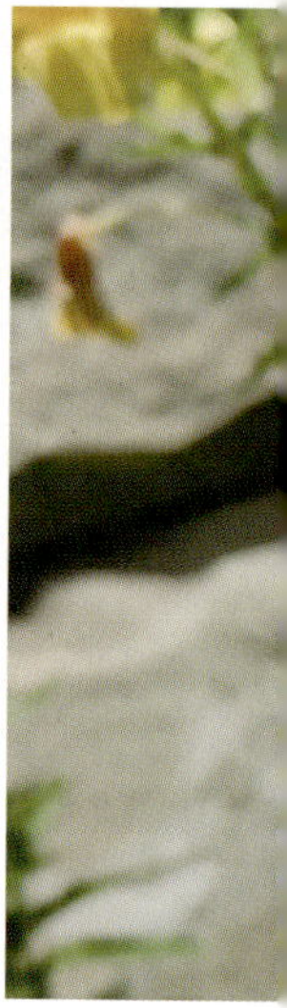

多眼灰蝶 *Polyommatus eros*

第二部分　其他野生动物

昆虫

中华蜜蜂 *Apis cerana*

熊蜂 *Bombus* sp.

宽鳍鱲 *Zacco platypus*

草鱼 *Ctenopharyngodon idellus*

麦穗鱼 *Pseudorasbora parva*

花䱻 *Hemibarbus maculatus*

鳙 *Aristichthys nobilis*

鲤 *Cyprinus carpio*

齐口裂腹鱼 *Schizothorax prenanti* 长江上游特有鱼类

鲫 *Carassius auratus*

半䱗 *Hemiculterella sauvagei* 长江上游特有鱼类

红尾副鳅 *Paracobitis variegatus*

贝氏高原鳅 *Triplophysa bleekeri*

扁蜉 *Ecdyrus* sp.

二尾蜉 *siphlonurus* sp.

第二部分 其他野生动物

摇蚊幼虫 *Tendipes* sp.

大蚊幼虫 *Tiplua* sp.

底栖动物

纹石蚕 *Hydropsyche* sp.

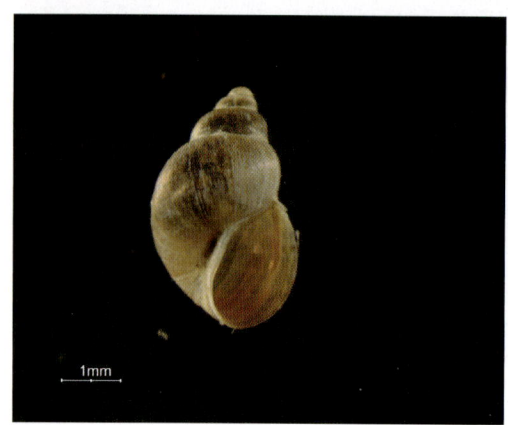

截口土蜗 *Galba truncatula*

钩虾 gammarid

第二部分　其他野生动物

泉膀胱螺 *Physa fontinalis*

小土蜗 *Galba pervia*

铜锈环棱螺 *Bellamya aeruginosa*

底栖动物

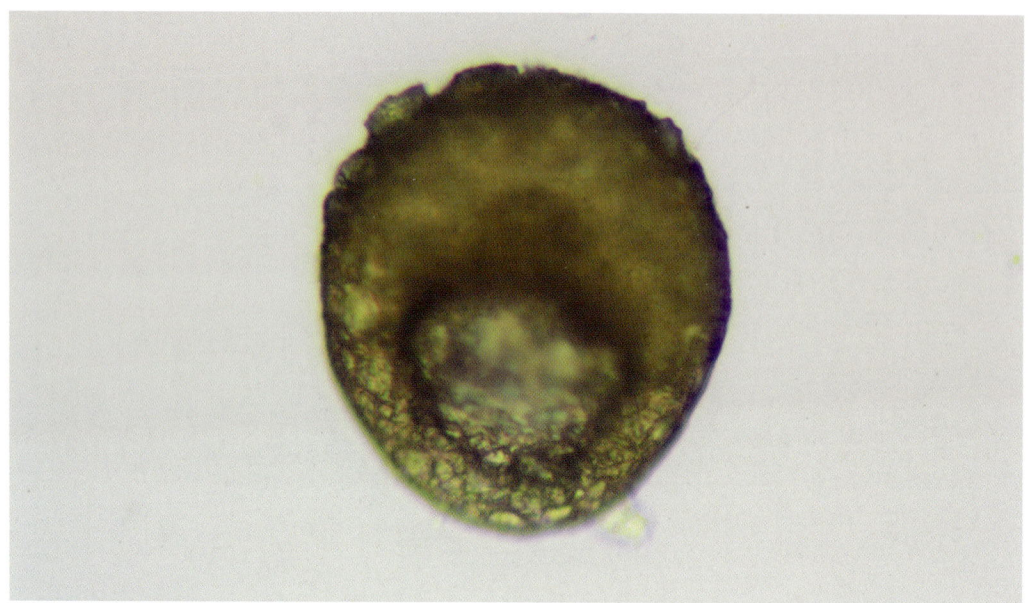

无棘匣壳虫 *Centropyxis ecornis*

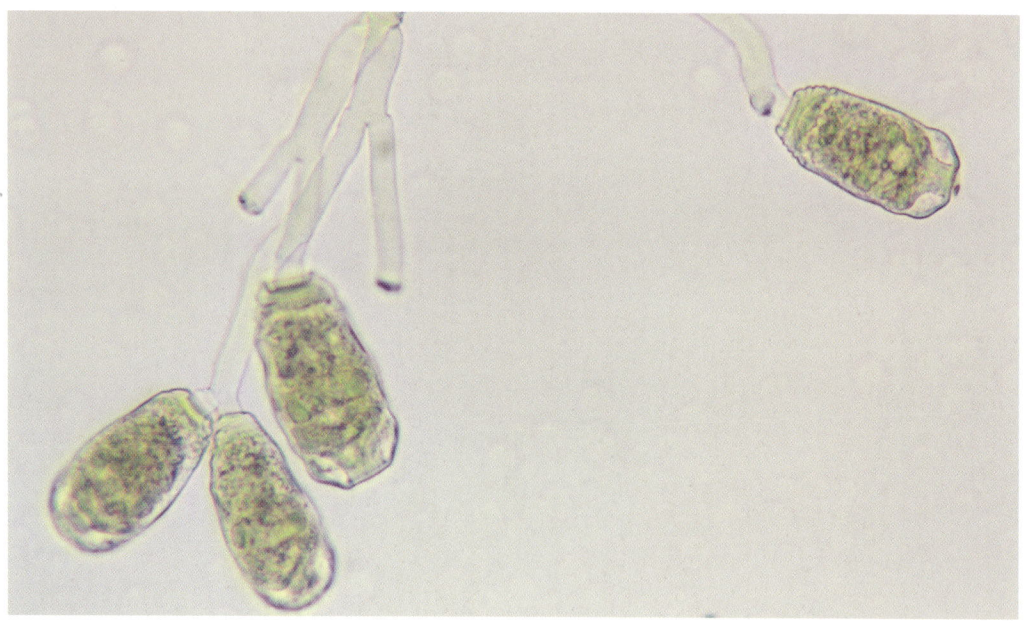

累枝虫 *Epistylis* sp.

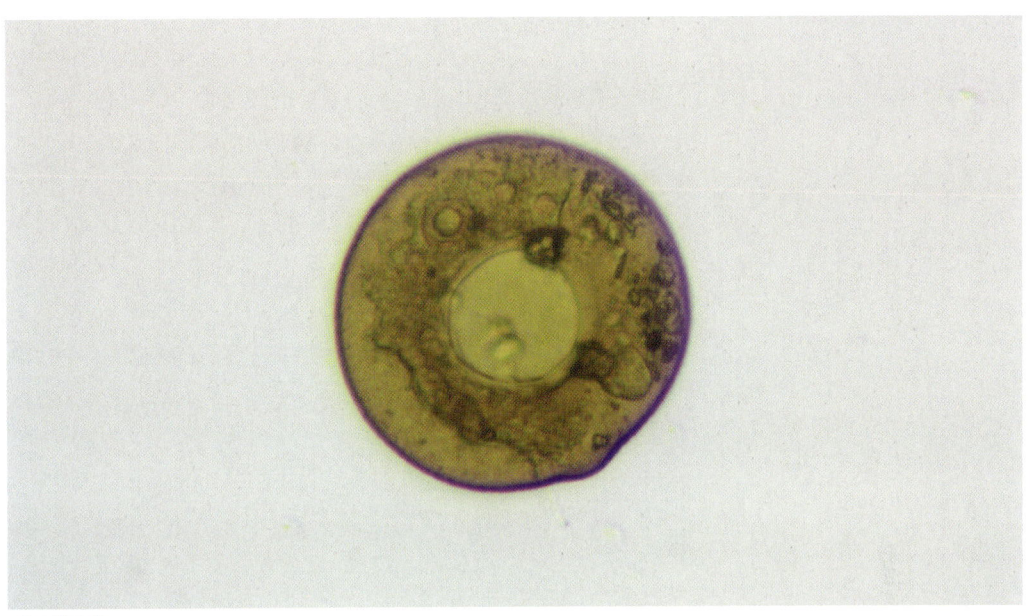

表壳虫 *Arcella* sp.

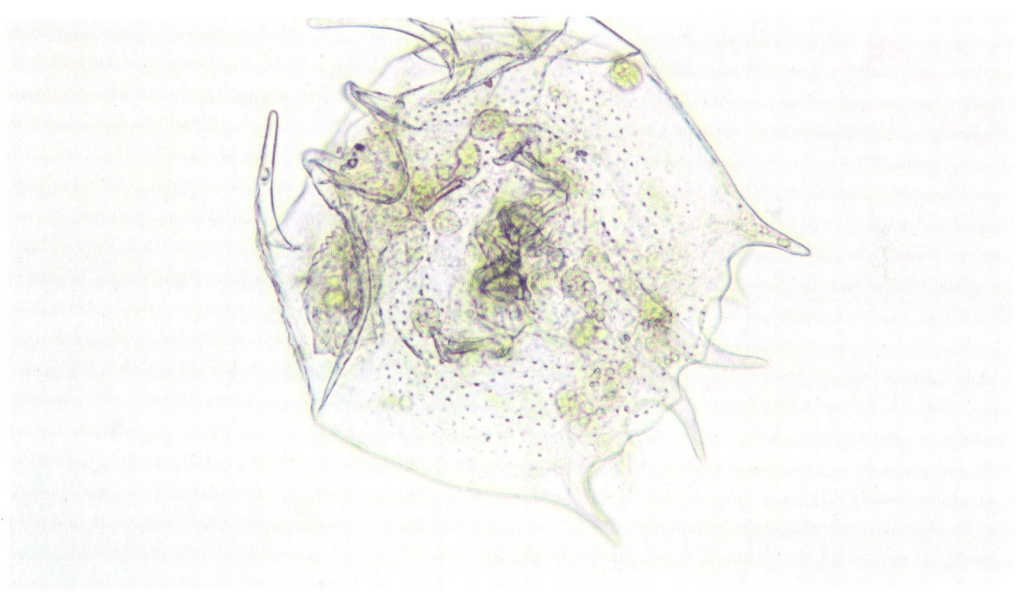

方形臂尾轮虫 *Brachionus quadridentatus*

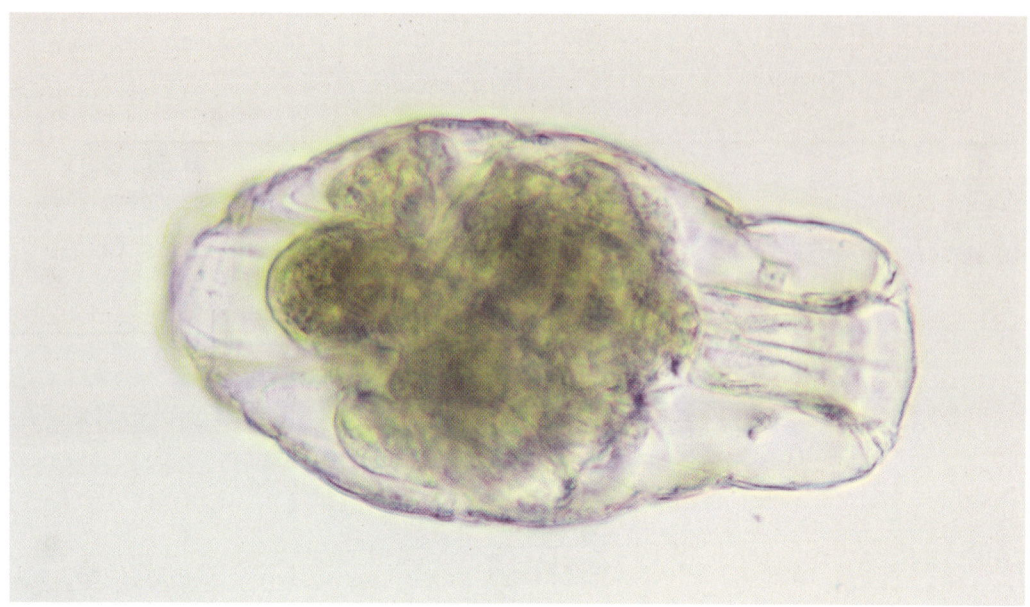

轮虫 *Rotaria* sp.

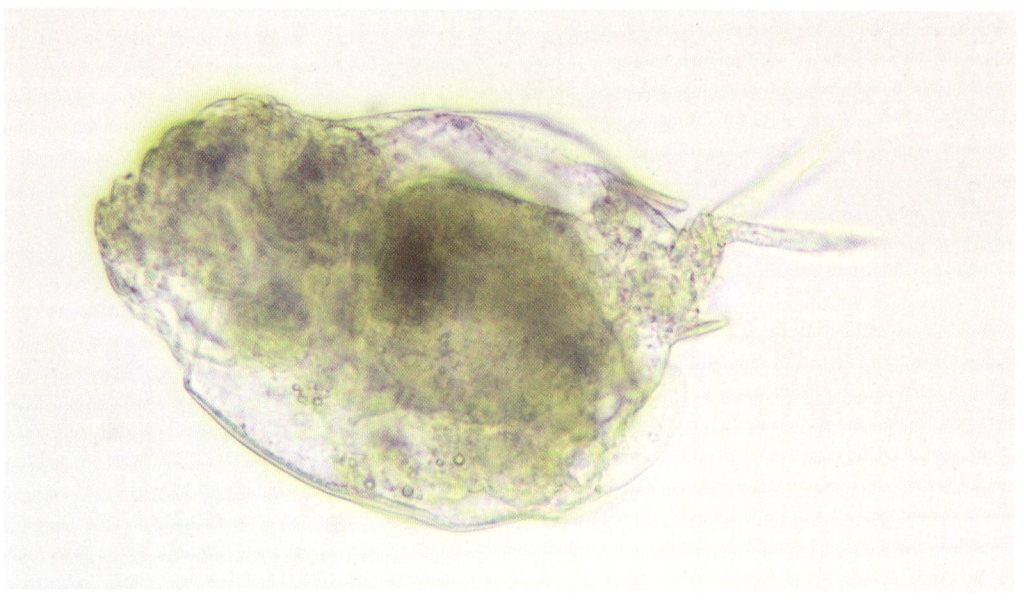

须足轮虫 *Euchlanis* sp.

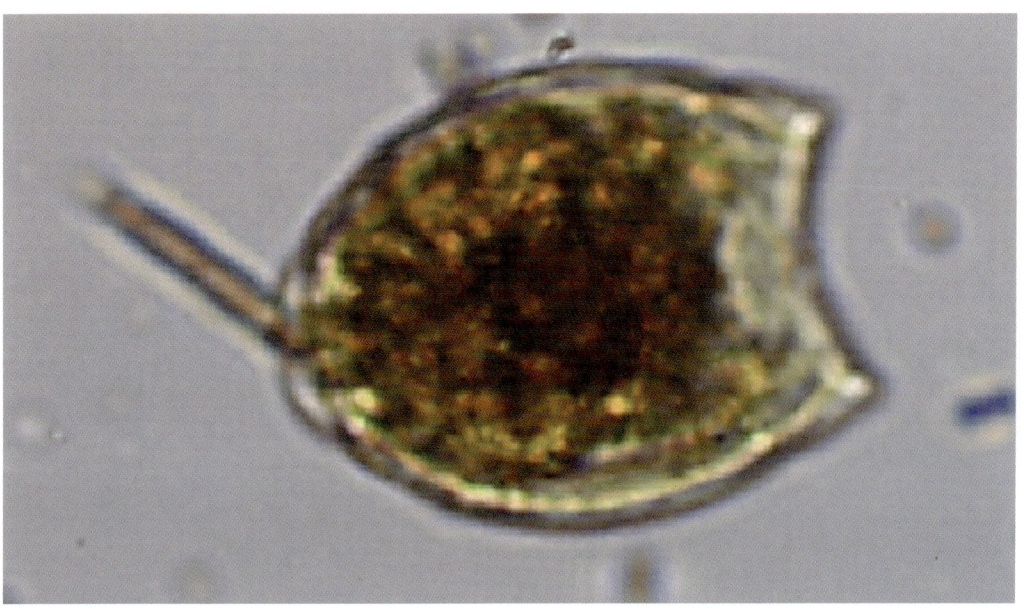

单趾轮虫 *Monostyla* sp.

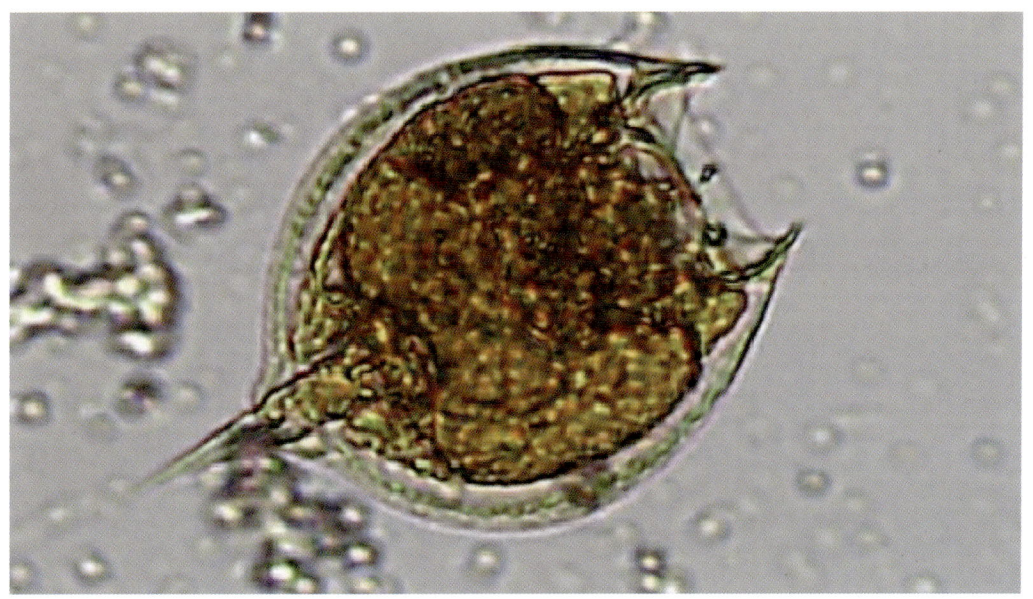

鞍甲轮虫 *Lepadella* sp.

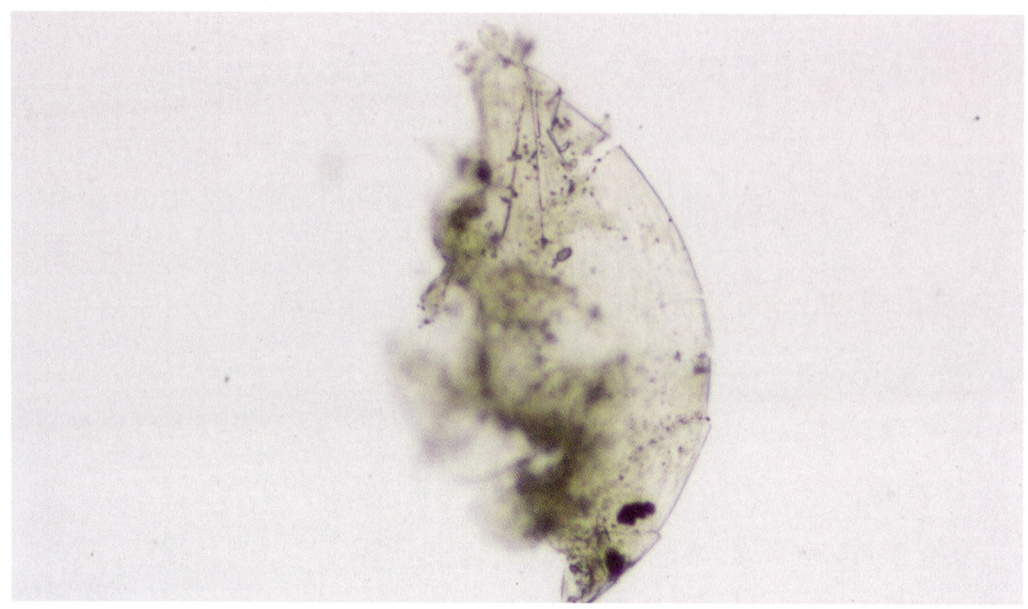

尖额溞（残体） *Alona* sp.

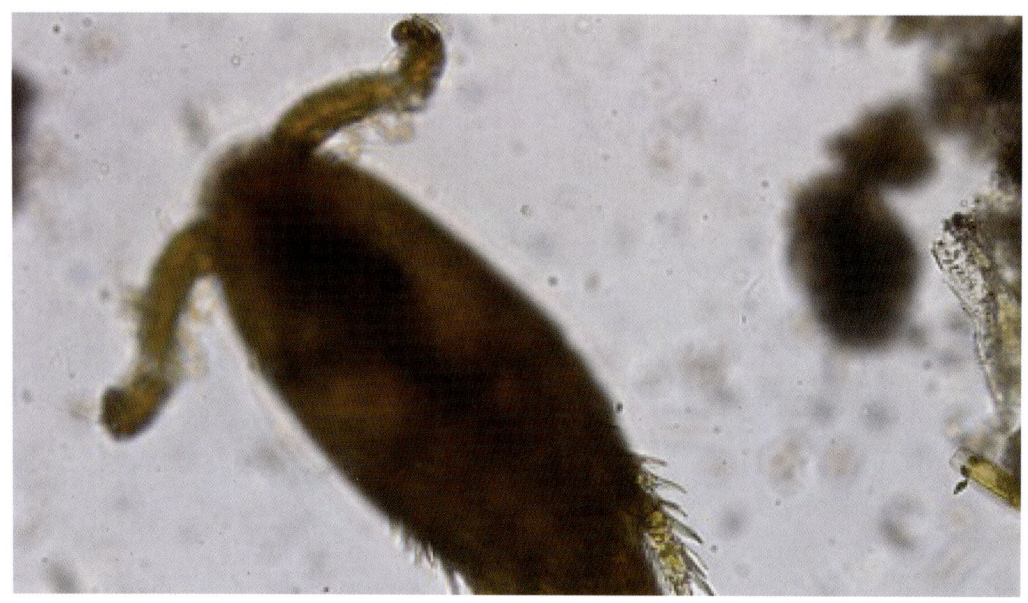

真剑水蚤 *Eucyclops* sp.

第二部分 其他野生动物

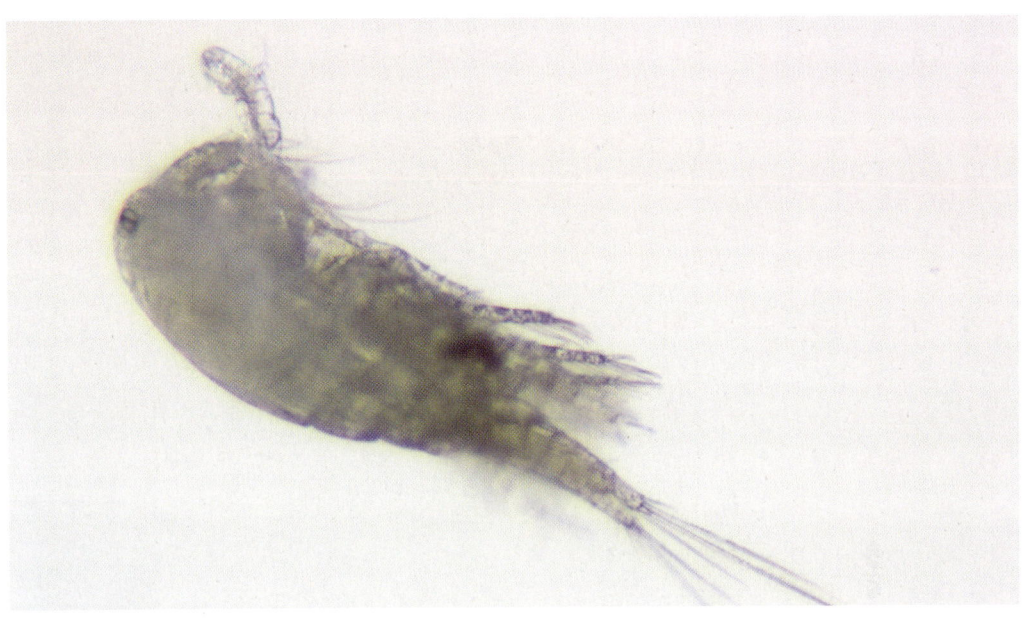

大剑水蚤 *Macrocyclops* sp.

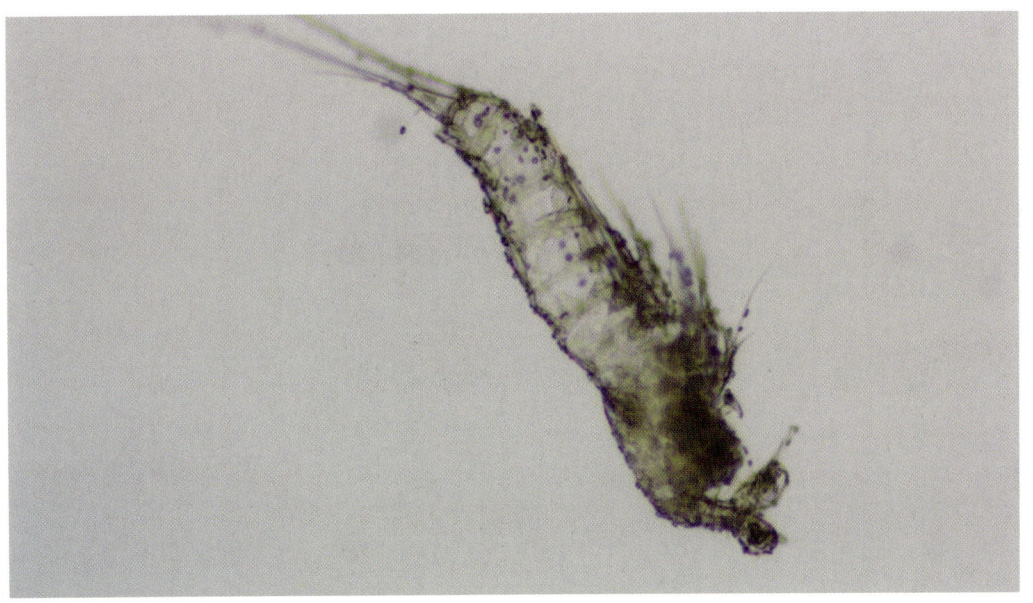

猛水蚤 *Harpacticoida*

索引

A

阿环蛱蝶	91
阿环蛱蝶	126
鞍甲轮虫	115
暗绿绣眼鸟	34

B

巴黎翠凤蝶	80
白顶溪鸲	45
白黑瓦苔蛾	77
白喉红尾鸲	42
白鹡鸰	49
白眶鸦雀	31
白领凤鹛	33
白鹭	23
白眉林鸲	43
白头鹎	30
白胸苦恶鸟	21
白眼潜鸭	20
斑翅朱雀	53
斑衣蜡蝉	68
半䱗	106
豹猫	6
豹纹尺蛾	77
北红尾鸲	44
贝氏高原鳅	107
碧角翅夜蛾	79
扁蜉	108
表壳虫	113
波原缘蝽	61

C

残锷线蛱蝶	93
草蝉	67
草鱼	104
茶翅蝽	62
橙翅噪鹛	9
橙黑纹野螟	80
池鹭	22
赤腹松鼠	18
赤条蝽	63

D

大白鹭	22
大翅绢粉蝶	85
大红蛱蝶	93
大剑水蚤	117
大绢斑蝶	86
大山雀	26
大蚊幼虫	109
单趾轮虫	115
淡纹玄灰蝶	102
稻蝗	60
东方菜粉蝶	84
多眼灰蝶	102
多姿麝凤蝶	82

E

二尾蜉	108
二尾蛱蝶	89

索引

F
方形臂尾轮虫	113
凤头鹰	8

G
甘薯蜡龟甲	72
高山蛇眼蝶	88
高山兀鹫	8
高山旋木雀	38
钩虾	110

H
豪猪	16
褐河乌	39
褐线尺蛾	73
黑斑丽沫蝉	65
黑颏凤鹛	34
黑头奇鹛	37
黑星白尺蛾	75
黑熊	7
黑缘条大叶蝉	66
红角榕萤叶甲	72
红头长尾山雀	31
红尾斑鸲	41
红尾副鳅	107
红尾水鸲	45
红胁蓝尾鸲	42
红嘴蓝鹊	25
花鳅	105
华西箭环蝶	87
黄蜂螳蛉	68
黄钩蛱蝶	96
黄喉貂	6
黄臀鹎	28
黄腰柳莺	29
灰喉鸦雀	32
灰鹡鸰	48
灰椋鸟	39
灰眉岩鹀	54
灰头鸫	41
灰头灰雀	52
霍氏旋木雀	36

J
鲫	106
嘉翠蛱蝶	95
尖额溞（残体）	116
鹪鹩	38
截口土蜗	110
金翅雀	53
金雕	3
金凤蝶	83
金绿宽盾蝽	61
金裳凤蝶	10
橘红丽沫蝉	64
巨翅绢粉蝶	85
锯带翠蛱蝶	94
锯纹绢粉蝶	86

K
孔雀蛱蝶	97
宽鳍鱲	104

L
蓝边矛丽金龟	70
蓝大翅鸲	46

119

蓝额红尾鸲	43
累枝虫	112
鲤	105
栗背岩鹨	48
栗腹矶鸫	46
链环蛱蝶	90
亮灰蝶	100
猎蝽	62
林麝	2
鳞胸鹪鹛	27
领雀嘴鹎	28
柳蓝叶甲	72
路雪苔蛾	79
轮虫	114
绿豹蛱蝶	97
绿背山雀	27
绿尺蛾	74
绿带翠凤蝶	81
绿头鸭	20

M

麻雀	48
麻蚕	59
麦穗鱼	104
猫蛱蝶	95
毛冠鹿	4
矛纹草鹛	35
猛水蚤	117
猕猴	4
沫蝉	65

N

| 宁眼蝶 | 88 |

牛头伯劳	25

P

普通翠鸟	24
普通𫛭	8
普通鸬鹚	21
普通朱雀	53

Q

齐口裂腹鱼	106
茄二十八星瓢虫	71
青豹蛱蝶	97
青凤蝶	84
青辐射尺蛾	76
青脊竹蝗	60
泉膀胱螺	111

R

日本条螽	59

S

三尾褐凤蝶	11
闪蓝丽大蜻	58
十四星裸瓢虫	71
树鹨	50
双星箭环蝶	88
水鹨	51
水鹿	4
硕蝽	63
丝棉木金星尺蛾	76

T

铜绿丽金龟	70

铜蜓蜥	57
铜锈环棱螺	111
透明疏广翅蜡蝉	67

W

王锦蛇	56
网丝蛱蝶	101
纹石蚕	110
汶川攀蜥	57
无棘匣壳虫	112
五彩枯斑翠尺蛾	76

X

喜鹊	27
小环蛱蝶	91
小土蜗	111
小鸦	55
小燕尾	46
熊蜂	103
秀蛱蝶	99
须足轮虫	114
雪豹	2

Y

亚洲狗獾	17
岩松鼠	19
燕雀	51
扬眉线蛱蝶	92
摇蚊幼虫	109

野猪	17
异色灰蜻	58
银斑豹蛱蝶	98
隐纹花松鼠	19
鹰翅天蛾	78
鳙	105
优秀洒灰蝶	100
鱼蛉	69
羽蛾	78
羽芒宽盾蚜蝇	72
鸳鸯	9
圆翅钩粉蝶	87
云斑白条天牛	70
云豹盛蛱蝶	94
云纹绿尺蛾	74
长尾地鸫	40

Z

真剑水蚤	116
中华斑羚	05
中华草蛉	69
中华蜜蜂	103
中华小熊猫	7
重口裂腹鱼	12
棕腹啄木鸟	24
棕颈钩嘴鹛	35
棕头鸦雀	32
棕胸岩鹨	47

附录

在本次汶川县生物多样性调查工作中,团队还采集到部分藻类样本,在此一并展示在本书中,以便读者更加全面地了解汶川县独特的生态环境和生物多样性。

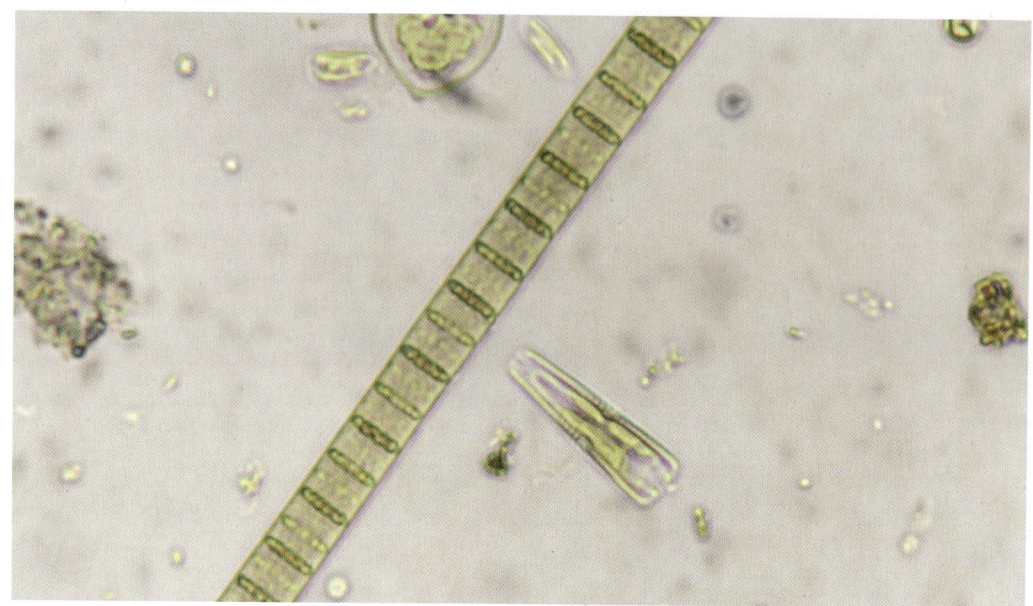

小颤藻 *Oscillatoria tenuis*

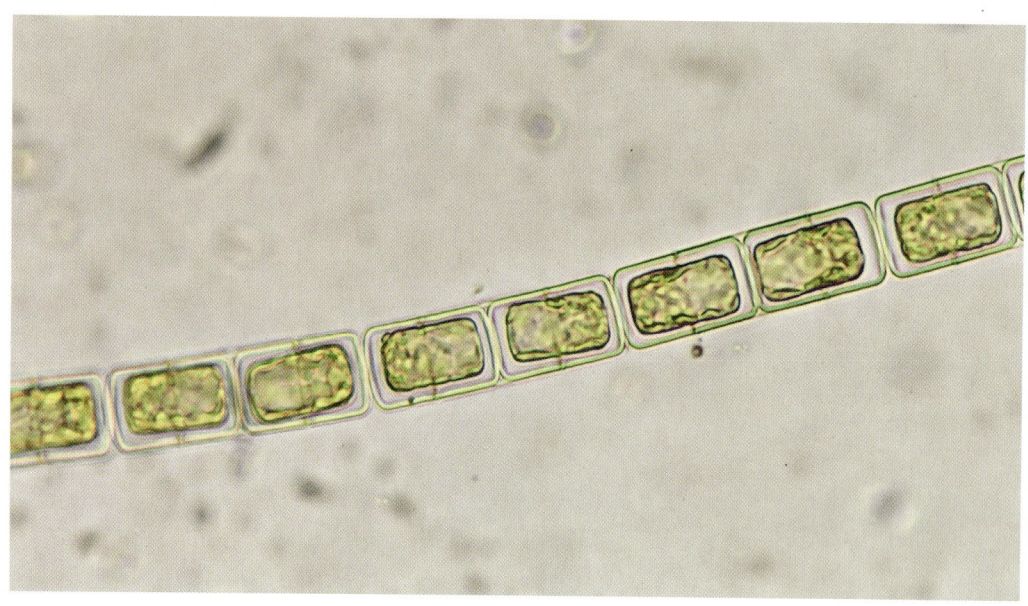

变异直链藻 *Melosira varians*

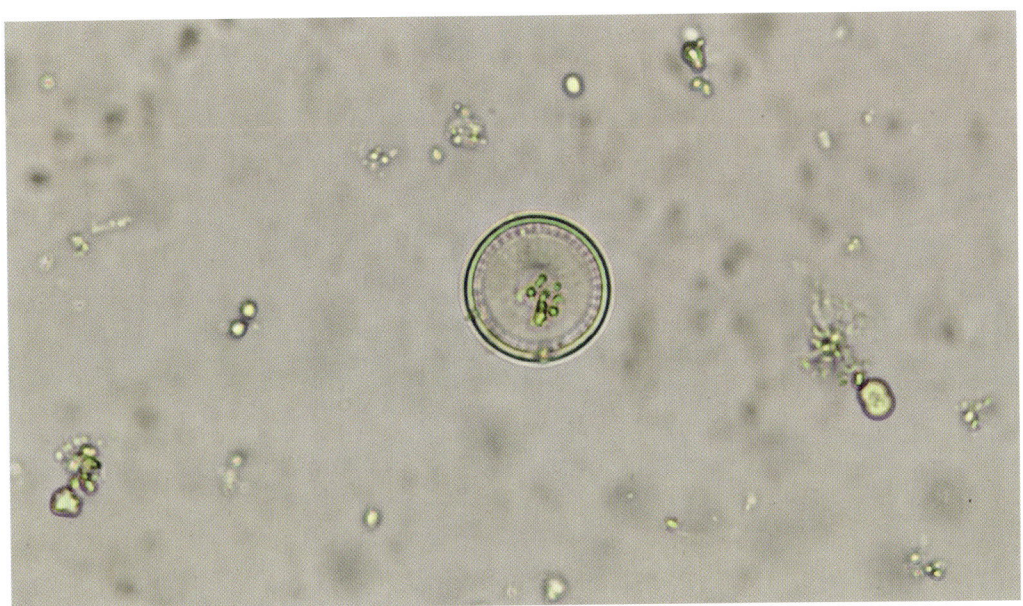

梅尼小环藻 *Cyclotella meneghiniana*

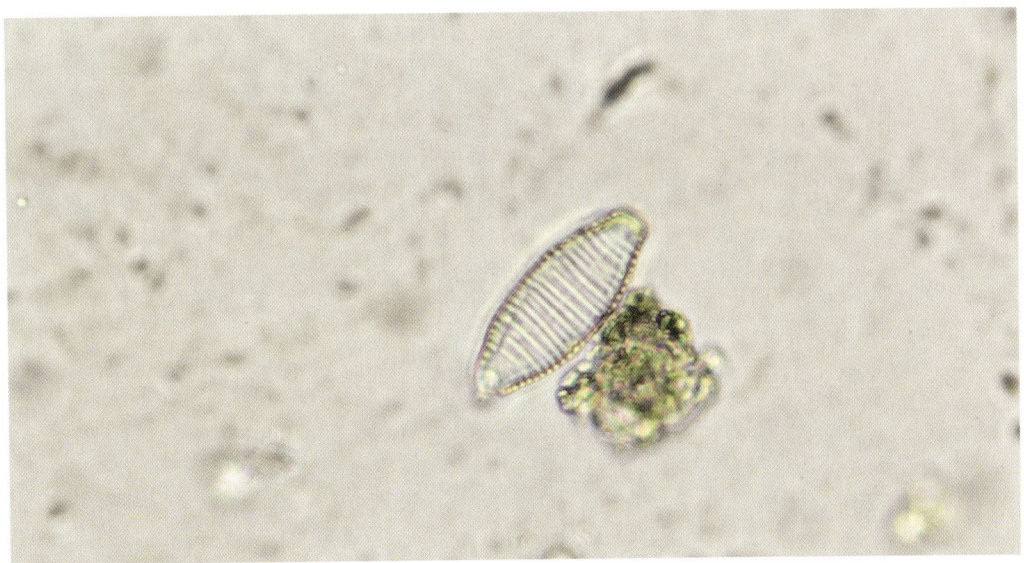

普通等片藻 *Diatoma vulgare*

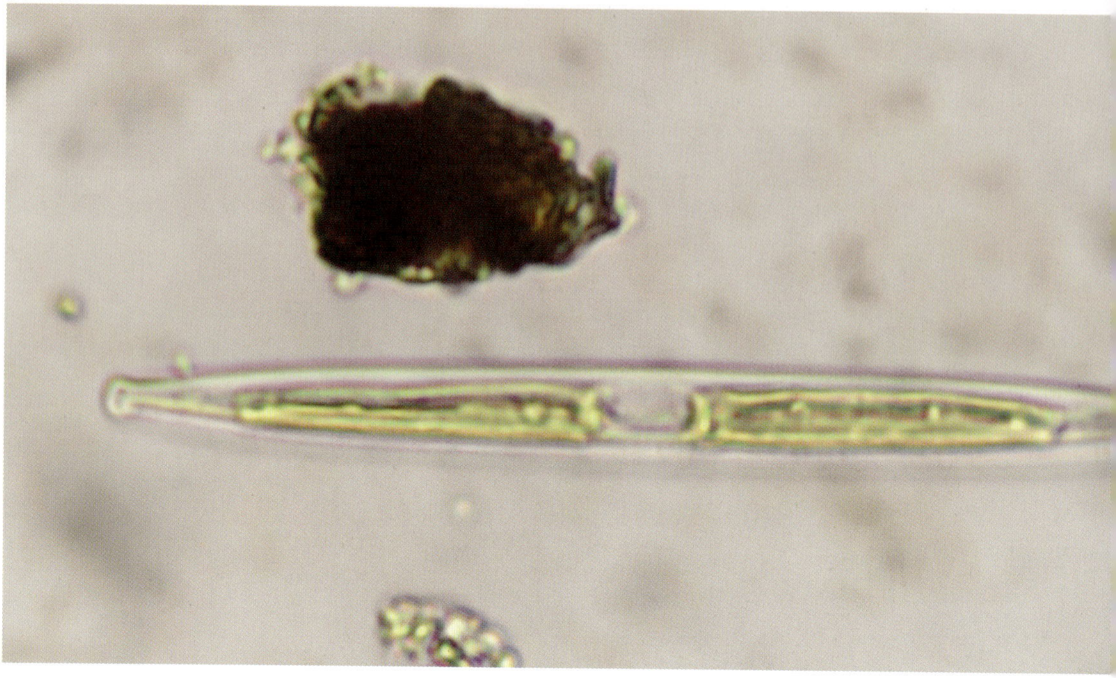

脆杆藻 *Fragilaria* sp.

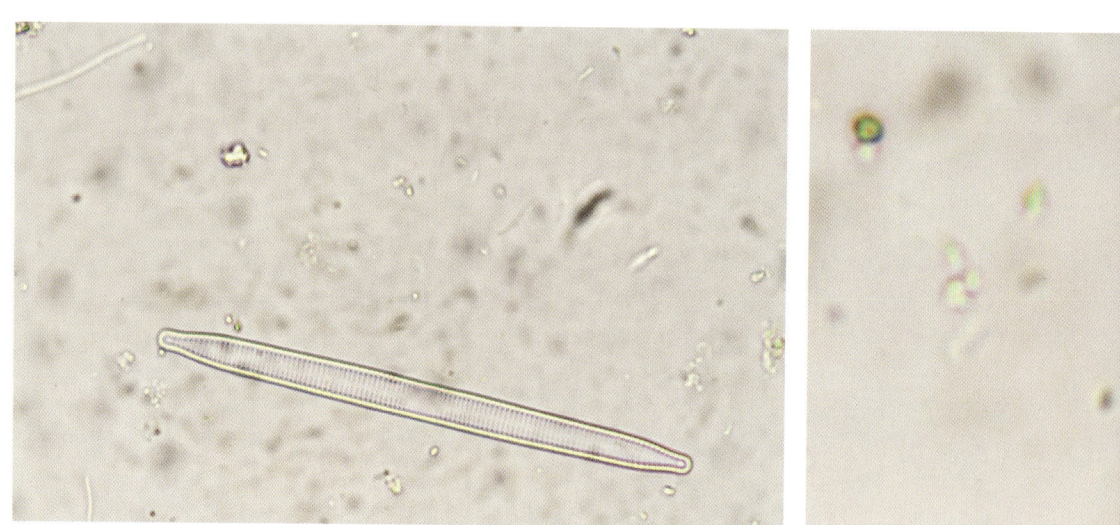

肘状针杆藻 *Synedra ulna*

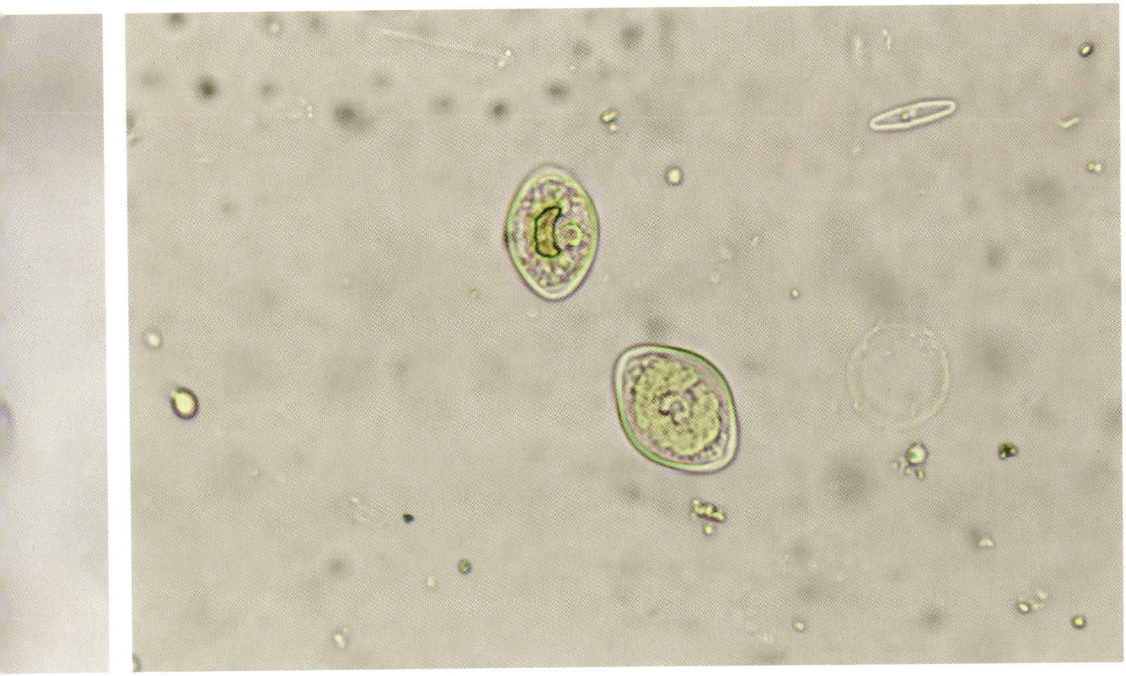

虱形卵形藻 *Cocconeis pediculus*

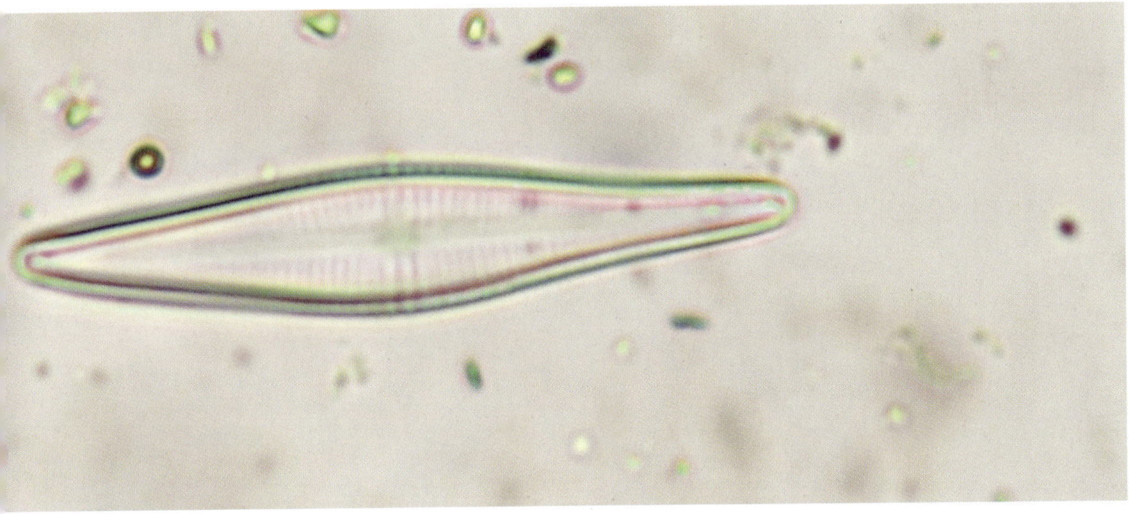

纤细异极藻 *Gomphonema gracile*

新箱形桥弯藻 *Cymbella neocistula*

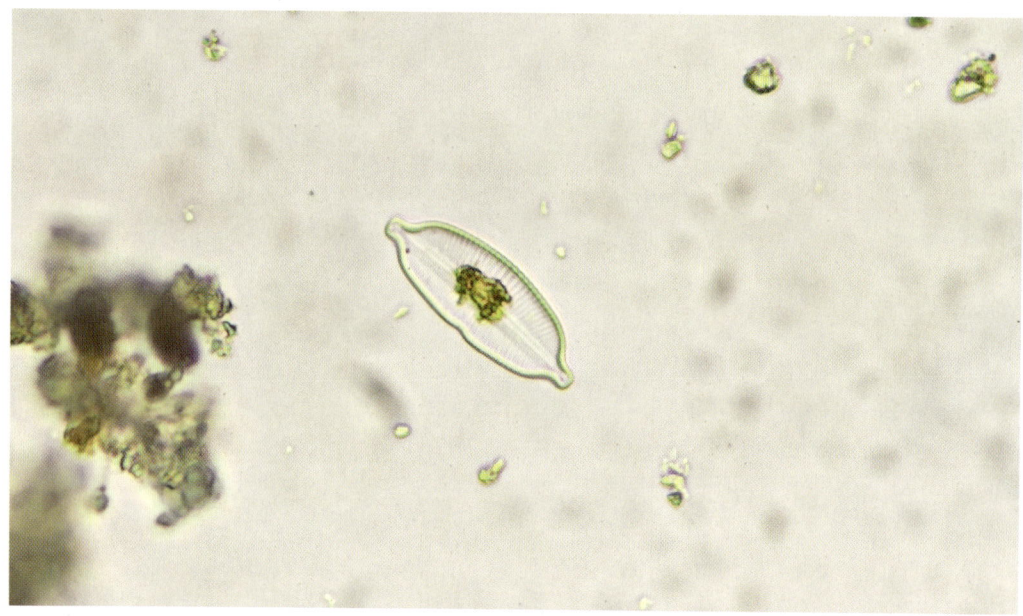

弯肋藻 *Cymbopleura* sp.

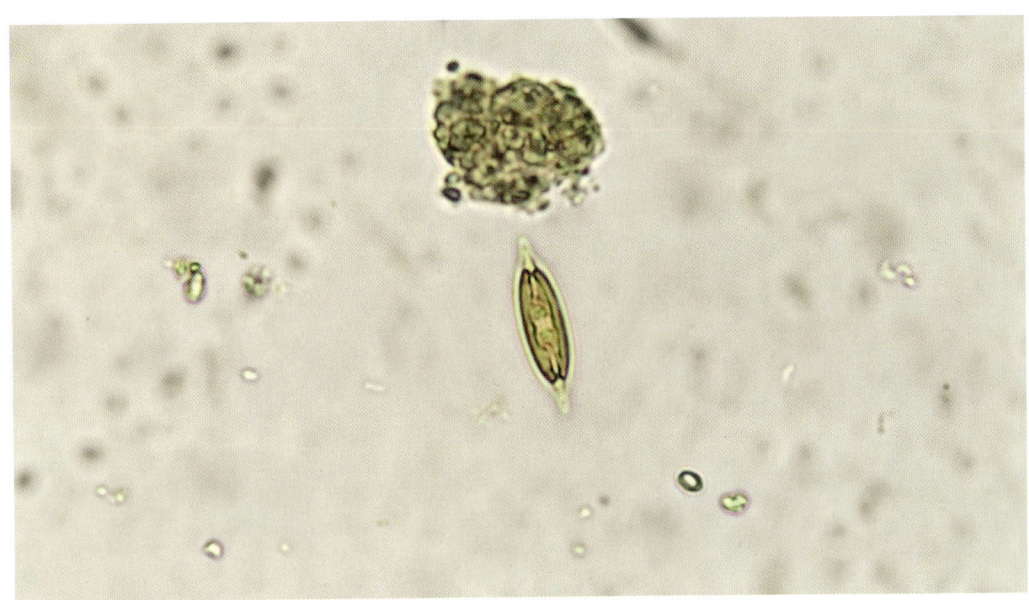

隐头舟形藻 *Navicula cryptocephala*

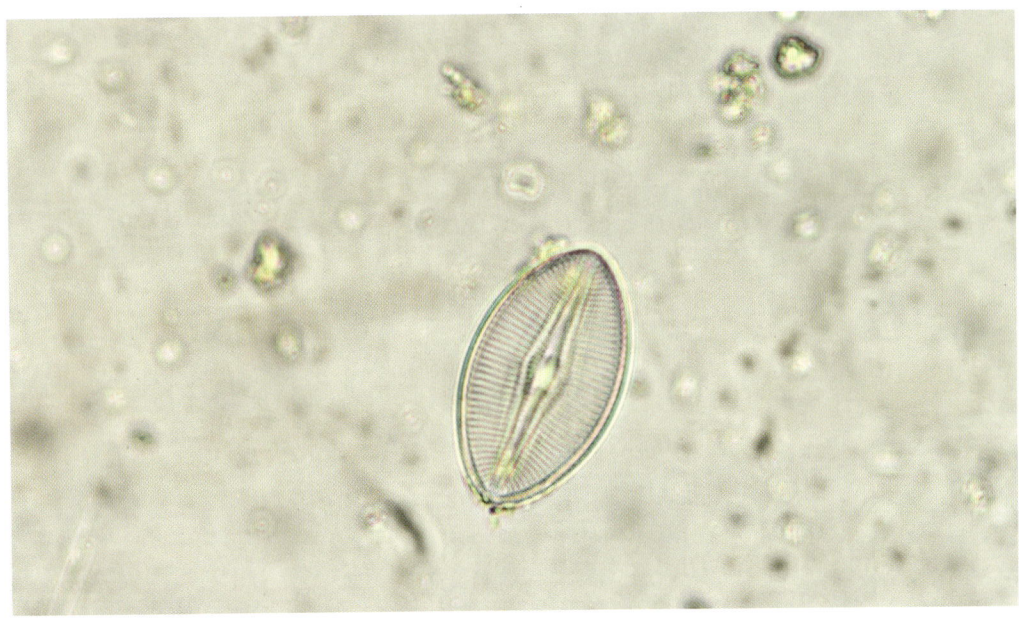

卵圆双壁藻 *Diploneis ovalis*

单角盘星藻 *Pediastrum simplex*

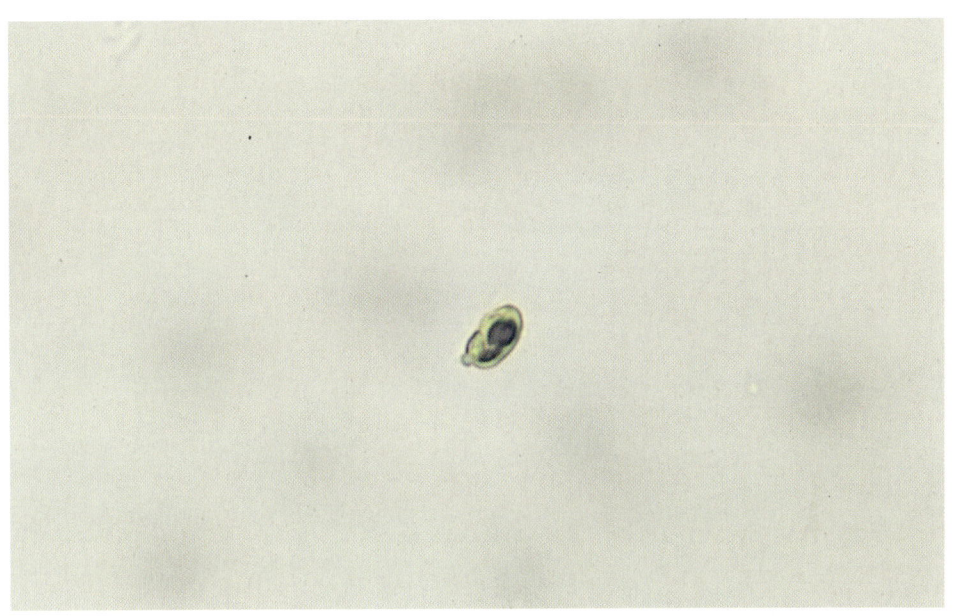

尖尾蓝隐藻 *Chroomonas acuta*

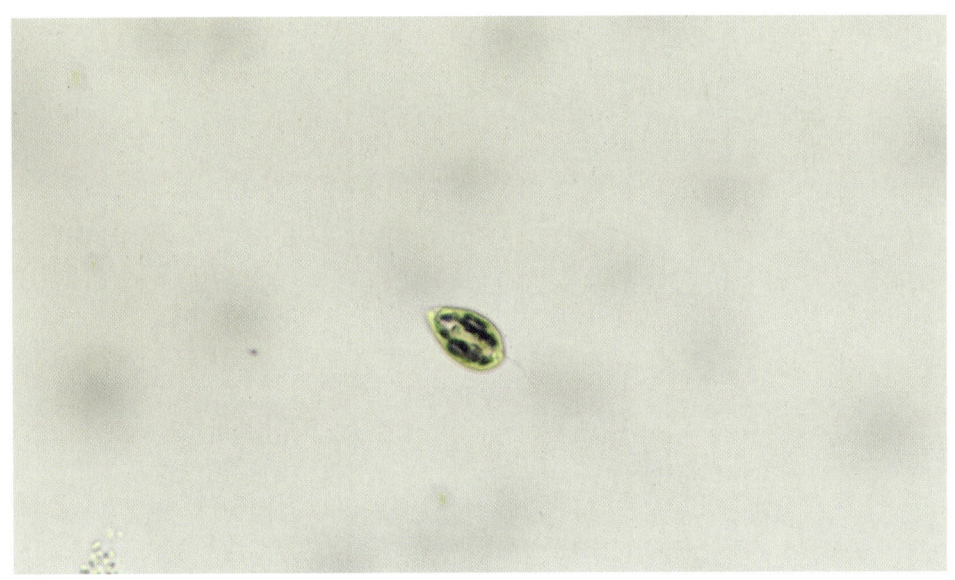

隐藻 *Cryptomonas* sp.

图书在版编目（CIP）数据

汶川县野生动物图集 / 窦亮主编. -- 成都：四川大学出版社，2024.9. -- （生物多样性研究丛书）. ISBN 978-7-5690-7260-0

Ⅰ．Q958.527.14-64

中国国家版本馆 CIP 数据核字第 2024W9D930 号

书　　名：汶川县野生动物图集
　　　　　Wenchuan Xian Yesheng Dongwu Tuji
主　　编：窦　亮
丛　书　名：生物多样性研究丛书

丛书策划：蒋　玙
选题策划：蒋　玙
责任编辑：蒋　玙
责任校对：胡晓燕
装帧设计：墨创文化
责任印制：李金兰

出版发行：四川大学出版社有限责任公司
　　　地址：成都市一环路南一段 24 号（610065）
　　　电话：（028）85408311（发行部）、85400276（总编室）
　　　电子邮箱：scupress@vip.163.com
　　　网址：https://press.scu.edu.cn
印前制作：成都墨之创文化传播有限公司
印刷装订：成都金阳印务有限责任公司

成品尺寸：180mm×220mm
印　　张：8.75
字　　数：89 千字
版　　次：2024 年 9 月 第 1 版
印　　次：2024 年 9 月 第 1 次印刷
定　　价：78.00 元

本社图书如有印装质量问题，请联系发行部调换

版权所有　◆　侵权必究

扫码获取数字资源

四川大学出版社
微信公众号